Victoria Vasilyevna Savelyeva

Tecnologias de monitorização sem contacto para reacções electroquímicas

Victoria Vasilyevna Savelyeva

Tecnologias de monitorização sem contacto para reacções electroquímicas

Aplicação prática da tecnologia para o controlo e a avaliação de processos complexos

ScienciaScripts

Imprint

Cover image: www.ingimage.com

This book is a translation from the original published under ISBN 978-620-7-45415-0.

Publisher:
Sciencia Scripts
is a trademark of
Dodo Books Indian Ocean Ltd. and OmniScriptum S.R.L publishing group

120 High Road, East Finchley, London, N2 9ED, United Kingdom
Str. Armeneasca 28/1, office 1, Chisinau MD-2012, Republic of Moldova, Europe
Printed at: see last page
ISBN: 978-620-8-29524-0

Conteúdo

Atualização

As pessoas percepcionam a informação através de fotografias e vídeos com descrição anexa, história da criação do produto. É necessária uma abordagem profissional e uma metodologia especial para a documentação fotográfica dos processos de produção de análises. A fixação passo a passo do objeto através de uma tecnologia especialmente desenvolvida, da qual sou o autor, dará uma perceção completa do desenvolvimento, bem como o controlo por parte dos investidores e do grupo de gestão do projeto de desenvolvimento do produto. Tomemos o exemplo da invenção de uma cápsula para monitorizar a acidez do suco gástrico bovino com uma bateria eletroquímica incorporada. É também apresentada uma das técnicas de representação dimensional de um produto. A representação dimensional de um produto é um aspeto importante no processo de conceção, fabrico e transporte. Implica a determinação das dimensões físicas do produto, que podem incluir o comprimento, a largura, a altura e o peso. Seguem-se algumas técnicas para a representação dimensional de um produto:

1. CAD (desenho assistido por computador): A utilização do desenho assistido por computador permite a criação de modelos tridimensionais exactos de um produto que podem ser utilizados para determinar as suas dimensões gerais. Estes modelos podem ser dimensionados, rodados e vistos de diferentes ângulos para obter informações dimensionais exactas.
2. Protótipos físicos: A criação de um protótipo físico de um produto permite-lhe ter uma ideia realista das suas dimensões gerais. Isto pode ser particularmente útil na conceção de produtos grandes ou complexos.
3. Utilização de normas: Existem várias normas e diretrizes que definem a forma como as dimensões dos produtos devem ser medidas e apresentadas. Isto pode incluir tudo, desde normas internacionais geralmente aceites a orientações específicas da indústria.
4. Realidade virtual: Utilizando a tecnologia de RV, os designers e engenheiros podem visualizar e medir as dimensões de um produto num

ambiente virtual. Isto permite uma visualização mais exacta do aspeto e funcionamento do produto no mundo real.

5. Utilização de modelos matemáticos: Para alguns produtos, especialmente os que têm formas ou dimensões complexas, pode ser útil utilizar modelos matemáticos para determinar as dimensões globais. Isto pode envolver a utilização de geometria, trigonometria ou outros métodos matemáticos.

Dependendo do produto e dos seus requisitos, podem ser utilizadas uma ou mais destas técnicas. A chave é fornecer uma representação dimensional precisa e fiável do produto para garantir um processo eficiente de conceção, fabrico e transporte.

Recentemente, há muita discussão entre os profissionais e a sociedade sobre produtos inovadores, porque com o desenvolvimento das redes sociais e o boom tecnológico há um enorme fluxo de informações, a entrega de informações do desenvolvedor para o consumidor, tornou-se um instante. As pessoas percebem a informação através de fotos e vídeos com descrição anexa, história da criação do produto.

Assim, o principal fator na criação do produto foi um sistema de apoio gráfico e fotográfico do processo em todas as fases.

Um sistema gráfico e fotográfico de apoio ao processo é um elemento-chave na gestão de projectos e processos. Trata-se de uma visualização das diferentes fases de um processo, que ajuda a compreender melhor a sua evolução e a controlar as tarefas.

1. Apoio gráfico: Pode envolver a criação de quadros, gráficos e diagramas que mostrem as diferentes fases do processo e as suas inter-relações. Por exemplo, um diagrama de Gantt é utilizado para apresentar um calendário de trabalho planeado, mostrando o início, a duração e a conclusão de cada tarefa. Um diagrama de Perto permite visualizar as dependências entre as tarefas e identificar o caminho crítico de um projeto.
2. Acompanhamento fotográfico: inclui a utilização de fotografias para

documentar o processo. As fotografias podem ser utilizadas para acompanhar o progresso do trabalho, identificar problemas ou simplesmente para documentar o trabalho efectuado. Podem ser particularmente úteis em processos em que a informação visual é importante, como na construção ou no fabrico.

3. Integração de gráficos e fotografias: A utilização conjunta destes dois métodos pode dar a imagem mais completa do processo. Os diagramas e quadros gráficos podem mostrar a estrutura geral e o fluxo do processo, enquanto as fotografias podem fornecer uma visão detalhada de fases específicas do trabalho.

4. Utilização de tecnologia: A tecnologia moderna, como o software de gestão de projectos, pode automatizar o processo de criação de gráficos e acompanhamentos fotográficos. Isto pode simplificar o processo de gestão e torná-lo mais eficiente.

Como em qualquer negócio, quando um produto é criado por profissionais, grandes equipas e empresas, é necessária uma abordagem profissional e uma metodologia especial para a foto-documentação dos processos para fazer análises, ajudar os criadores e controlar os processos e, subsequentemente, a produção, na sua apresentação correta, para o consumidor do produto. Este sistema será abordado neste livro.

Este é um exemplo da invenção de uma cápsula para monitorizar a acidez do suco gástrico bovino com uma bateria eletroquímica integrada, mostrando circuitos e dispositivos por construção 3D em programas de computador e registo passo a passo dos resultados utilizando um programa especialmente concebido por mim.

O resultado foi abrir a cortina do desenvolvimento do produto, o seu aspeto e a forma como decorreram os testes, e descrever ferramentas como o sistema de apoio fotográfico gráfico do processo de desenvolvimento de produtos inovadores com a utilização de um programa especial desenvolvido por mim.

O impacto do meu programa especialmente concebido para apoiar graficamente o processo de criação de produtos teve grandes resultados, que são aqui apresentados.

Sabemos que na criação de qualquer invenção, o desenvolvimento é efectuado em programas 3D em computadores. Mas na maioria dos casos, em todas as fases da produção de uma invenção, é necessário poder realizar corretamente o apoio gráfico e fotográfico do processo. Desenvolvi um programa especial de apoio fotográfico gráfico do processo, onde é utilizada uma técnica especial de fotofixação passo a passo da reprodução do produto. Este programa funciona eficazmente para qualquer produto inovador. Há uma expressão maravilhosa que diz que é melhor ver uma vez do que ouvir 100 vezes. A perceção humana está organizada de tal forma que o objeto que vê pessoalmente já é em si mesmo uma perceção indiscutível da informação sobre ele, nomeadamente o tamanho, a cor e as suas dimensões. Quando uma pessoa assiste a uma apresentação ou a um modelo 3D, não consegue visualizar total e completamente a futura invenção na sua totalidade e guardá-la na sua memória. Esta decisão afecta a rapidez do desenvolvimento e a tomada de decisões sobre o produto em todas as fases. Atualmente, no mundo moderno, é importante a rapidez com que o produto chega ao mercado e, mais importante ainda, a história do desenvolvimento e a subsequente apresentação do objeto para ter sucesso comercial. A fixação passo a passo do objeto, de acordo com a tecnologia especialmente desenvolvida por Victoria Savelieva, em que são tidos em conta os ângulos, a utilização da luz e a distância focal, dará uma perceção completa do desenvolvimento, bem como o controlo por parte dos investidores e do grupo de gestão do projeto de desenvolvimento do produto. Além disso, é utilizada uma tecnologia especial para fotografar diretamente os executores do projeto no seu local de trabalho e o grupo de tomada de decisões e o grupo de discussão para a avaliação do produto, onde é possível traçar o estado psicológico que o corpo transmite durante o desenvolvimento. Tudo isto está incluído no suporte analítico do produto, onde é possível, em todas as fases, acompanhar a dinâmica global do desenvolvimento e fazer ajustes que afectarão o resultado do produto.

Muitas vezes, uma pessoa é controlada pelas suas emoções. Consideremos um indivíduo da equipa que conseguiu obter um determinado resultado numa parte do desenvolvimento e que, de acordo com a tecnologia especial de foto-fixação, as emoções no momento da obtenção do resultado, no briefing subsequente à transmissão dessas emoções na fotografia, podem afetar toda a equipa, revelando o potencial dos outros participantes e a concorrência saudável. Porque é que isto é necessário? - Consideremos o exemplo da invenção de uma cápsula para monitorizar a acidez do suco gástrico bovino com uma bateria eletroquímica integrada, que se apresenta a seguir. O autor quer perguntar ao público deste trabalho de investigação: "até que ponto visualiza esta invenção em pessoa e até que ponto seria influenciado por uma fotografia do produto 'como visto em pessoa' para compreender esta invenção e as suas aplicações desde o seu início e as fases de teste e prática de aplicação".

CAPÍTULO 1

PROPOSTA TÉCNICA PRELIMINAR DO PROJECTO DE ESTUDO DE VIABILIDADE - "CÁPSULA PARA MONITORIZAÇÃO DA ACIDEZ DO SUCO GÁSTRICO BOVINO COM BATERIA ELECTROQUÍMICA INTEGRADA"

Sistema e método de células de combustível para armazenamento de eletricidade

A invenção revela um dispositivo inovador de conversão de energia eletroquímica do tipo célula de combustível e um método de densidade de potência potencialmente elevada, adequado em particular para aplicações autónomas, tais como veículos movidos a eletricidade. Assim, pode ser carregada a partir de uma fonte de energia eléctrica ou descarregada a partir de uma carga externa com as caraterísticas de corrente de pico tipicamente elevadas das baterias recarregáveis. No entanto, o principal objetivo da presente invenção é proporcionar um modo inovador de carregamento adicional do dispositivo de armazenamento da pilha de combustível através de reacções químicas de cada elétrodo com combustível e oxidante fornecidos em rácios de fluxo específicos. Enquanto todos os tipos de células de combustível da técnica anterior trocam iões entre eléctrodos através de um eletrólito, cada um dos eléctrodos da presente célula de combustível troca iões de forma independente utilizando apenas um eletrólito adjacente.

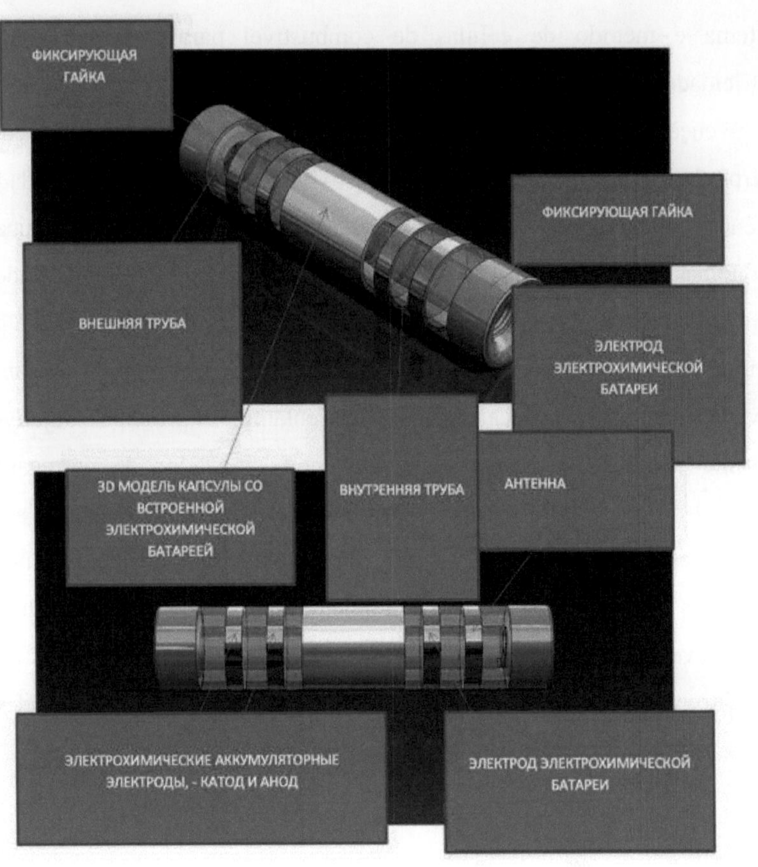

FIXAÇÃO **PORCA** BATERIAS ELECTROQUÍMICAS **ELÉCTRODOS, - CÁTODO E ÂNODO** DA PILHA **ELÉCTRODO** **ELECTROQUÍMICO** BATERIAS	**MODELO 3D DA CÁPSULA COM** **INTRODUZIDO** **ELECTROQUÍMICO** **BATERIA** **PORCA DE FIXAÇÃO** TUBO EXTERNO ANTENA DE TUBO INTERIOR

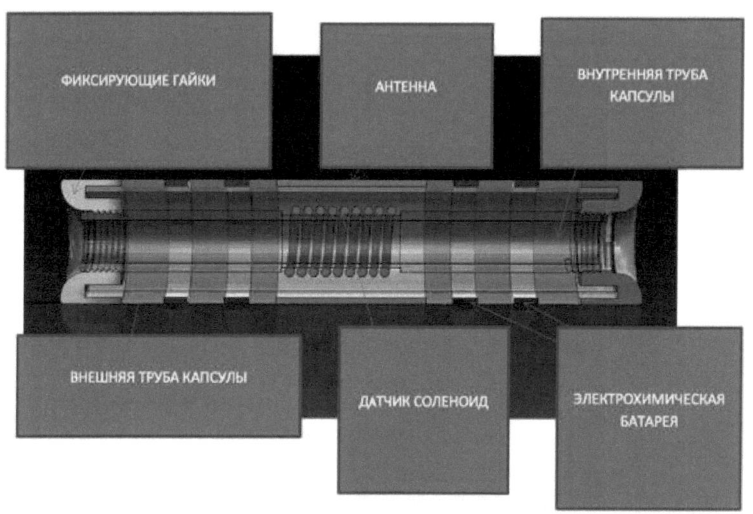

PORCAS DE FIXAÇÃO TUBO INTERNO DA ANTENA

CÁPSULA EXTERNA TUBO SENSOR SOLENÓIDE SOLENÓIDE BATERIA ELECTROZIMÁTICA

Figura 1. Vista externa ZD do modelo da cápsula

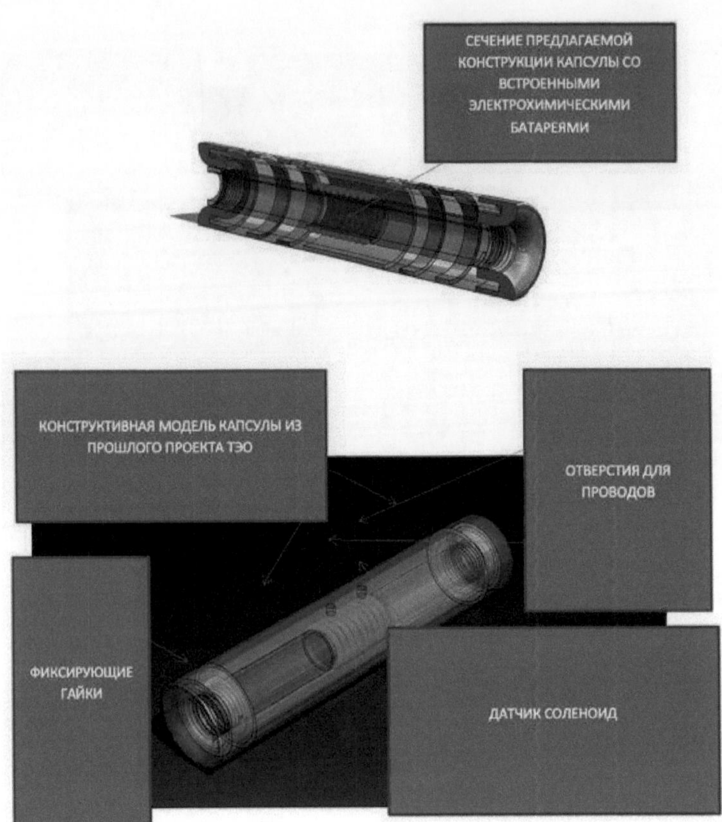

CORTE TRANSVERSAL DA CONCEPÇÃO DA CÁPSULA PROPOSTA COM BATERIAS ELECTROQUÍMICAS INTEGRADAS

MODELO ESTRUTURAL DA CÁPSULA DO PROJECTO DE ESTUDO DE VIABILIDADE ANTERIOR
ABERTURAS DE FIOS
PORCAS DE BLOQUEIO SENSOR SOLENÓIDE

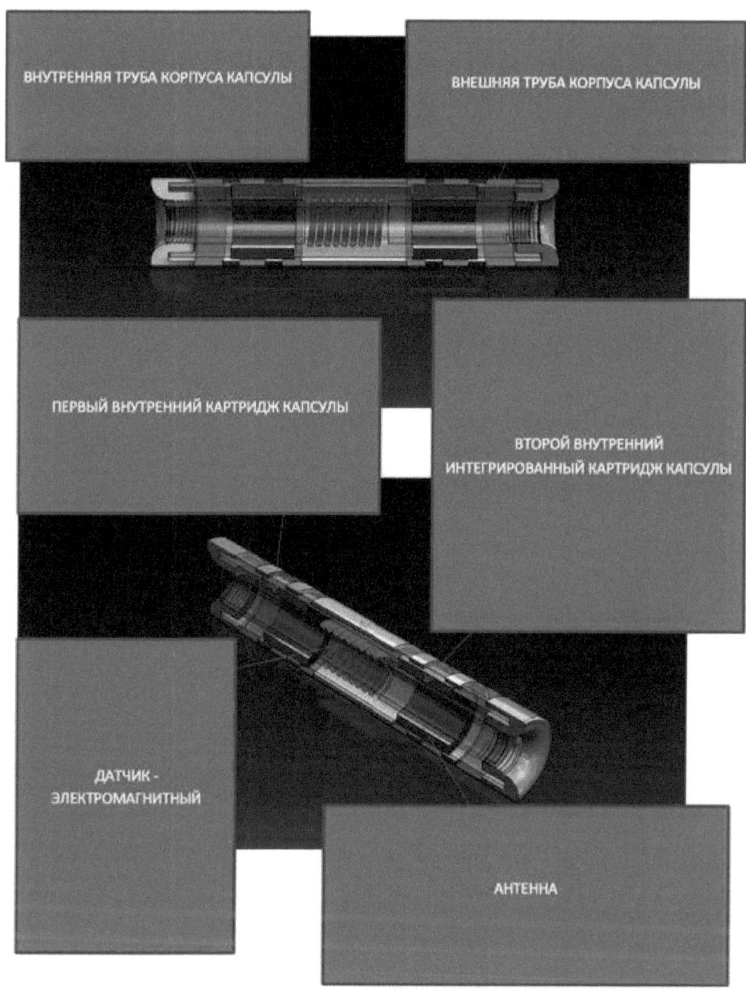

TUBO INTERNO DO CORPO DA CÁPSULA TUBO EXTERNO DO CORPO DA CÁPSULA

PRIMEIRO CARTUCHO DE CÁPSULA INTERNO SEGUNDO CARTUCHO DE CÁPSULA INTEGRADO INTERNO SEGUNDO CARTUCHO DE CÁPSULA INTEGRADO INTERNO SEGUNDO CARTUCHO DE CÁPSULA INTEGRADO INTERNO

ANTENA DE SENSOR ELECTROMAGNÉTICO

CAPÍTULO 2

O ESTÔMAGO ÁCIDO DA VACA É O EQUIVALENTE A UM ELECTRÓLITO

AS PATENTES SEGUINTES FORNECEM EXEMPLOS DA UTILIZAÇÃO DA IDEIA DE PRODUZIR OS ODORES NECESSÁRIOS AO FUNCIONAMENTO DE UMA CÁPSULA INTEGRAL.

DA BATERIA ELECTROQUÍMICA:

Eletrólito para pilha de células galvânicas

Um eletrólito para uma célula de bateria eletroquímica contendo dióxido de enxofre e um sal condutor. O eletrólito é um gel formado com fluorosulfinato. A invenção é também dirigida a uma célula de bateria que contém um tal eletrólito.

O eletrólito numa célula de bateria eletroquímica desempenha um papel fundamental no processo de transferência de carga entre o ânodo e o cátodo. Proporciona a condutividade dos iões que são necessários para o processo de reação química que ocorre na pilha.

1. O que é um eletrólito?

Um eletrólito é um meio ou substância que possui iões livres capazes de conduzir uma corrente eléctrica. No contexto das baterias, os electrólitos são normalmente classificados como substâncias sólidas, líquidas ou em gel.

2. O papel do eletrólito na pilha

Numa pilha, o eletrólito serve de ponte para a troca de iões entre o ânodo e o cátodo. Quando a pilha é carregada ou descarregada, os iões deslocam-se através do eletrólito de um elétrodo para o outro, provocando uma reação química que resulta no fluxo de corrente eléctrica.

3. Tipos de electrólitos

Os electrólitos líquidos são o tipo mais comum de electrólitos utilizados nas baterias. São normalmente constituídos por uma solução de sais, ácidos ou bases. No entanto, têm algumas desvantagens, como a possibilidade de fuga ou evaporação.

Os electrólitos sólidos são materiais, normalmente sais, que podem conduzir iões no estado sólido. Oferecem uma maior segurança porque são menos susceptíveis de vazar ou explodir.

Os electrólitos em gel representam um compromisso entre os electrólitos líquidos e sólidos. Têm as propriedades dos electrólitos líquidos e sólidos, proporcionando uma boa condutividade iónica e segurança.

4. Seleção de electrólitos

A escolha do eletrólito para uma célula de bateria eletroquímica depende de muitos factores, incluindo o desempenho necessário da bateria, a aplicação, o custo e a segurança. Por exemplo, as aplicações de alta energia, como os veículos eléctricos, podem exigir electrólitos com elevada condutividade iónica.

Em geral, o eletrólito é um componente-chave numa célula de bateria eletroquímica, desempenhando um papel importante no processo de transferência de carga e garantindo o desempenho da bateria.

Dispositivo eletrónico integral e respectivos métodos de fabrico

É fornecido um dispositivo eletrónico integrado e um método de fabrico do mesmo. O dispositivo eletrónico integrado pode incluir um conjunto eletrónico, tal como um conjunto ativo RFAID, que está eletricamente acoplado a uma célula galvânica flexível impressa em papel fino. Num exemplo, o conjunto eletrónico e a bateria eletroquímica estão localizados no mesmo substrato. Num método de fabrico exemplar, toda a célula deve ser fabricada numa prensa de impressão para integrar a bateria diretamente na unidade eletrónica.

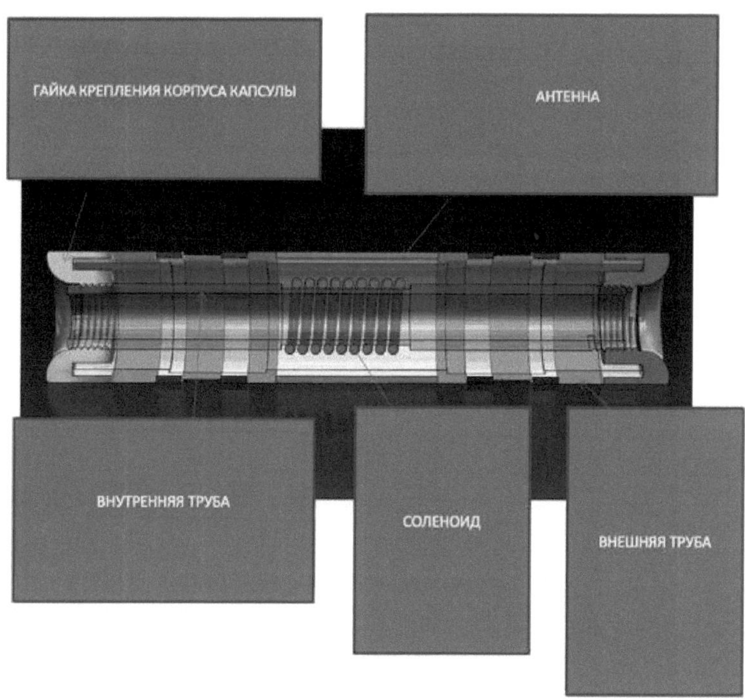

PORCA DE FIXAÇÃO DO CORPO DA CÁPSULA ANTENA

TUBO INTERIOR SOLENÓIDE TUBO EXTERIOR

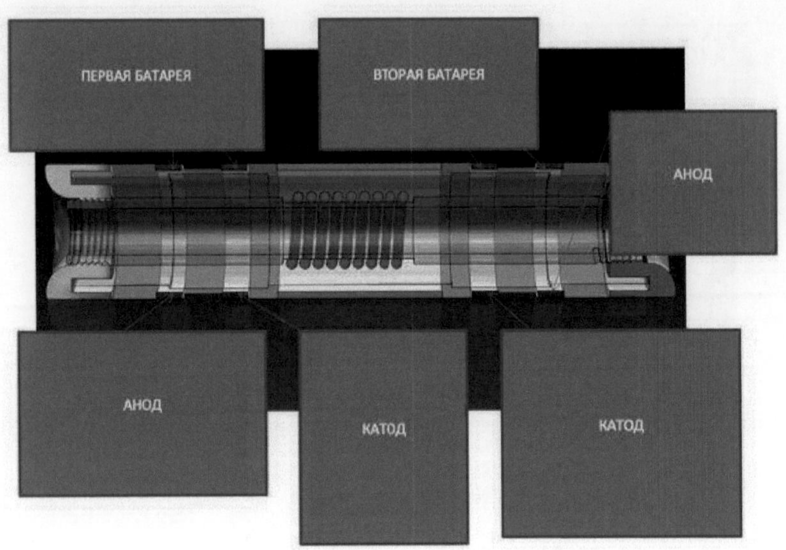

PRIMEIRA PILHA SEGUNDA PILHA

ÂNODO ÂNODO ÂNODO ÂNODO CÁTODO CÁTODO CÁTODO CÁTODO

CAPÍTULO 3

Excerto do programa.

Representação dimensional do produto.

Um dos pontos importantes da fixação fotográfica é fotografar a invenção com objectos que qualquer pessoa tem à mão ou com os quais se cruza constantemente. Uma pessoa pode visualizar facilmente as dimensões da invenção e, assim, terá uma fixação dos volumes na sua memória e, mais tarde, ao descrever a sua utilização e outros testes, os processos serão claros. Também simplifica a comunicação de informações sobre partes complexas do desenvolvimento.

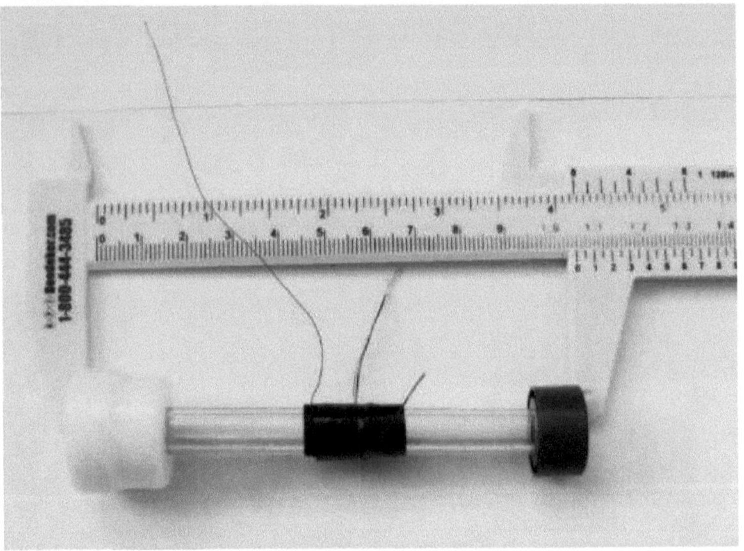

Figura 6. Dimensionamento no processo de conceção

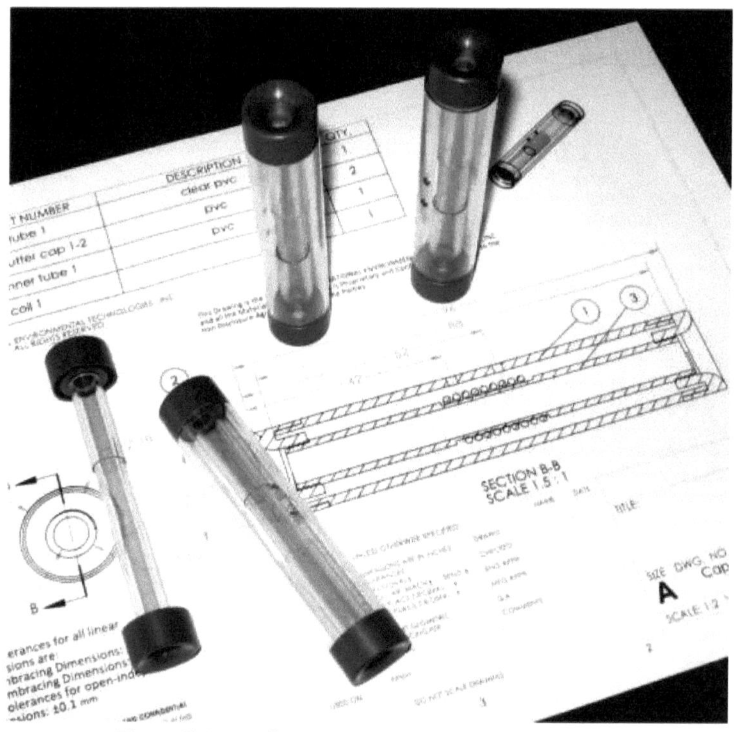

Figura 7. Instantâneo das dimensões da cápsula, vista 1

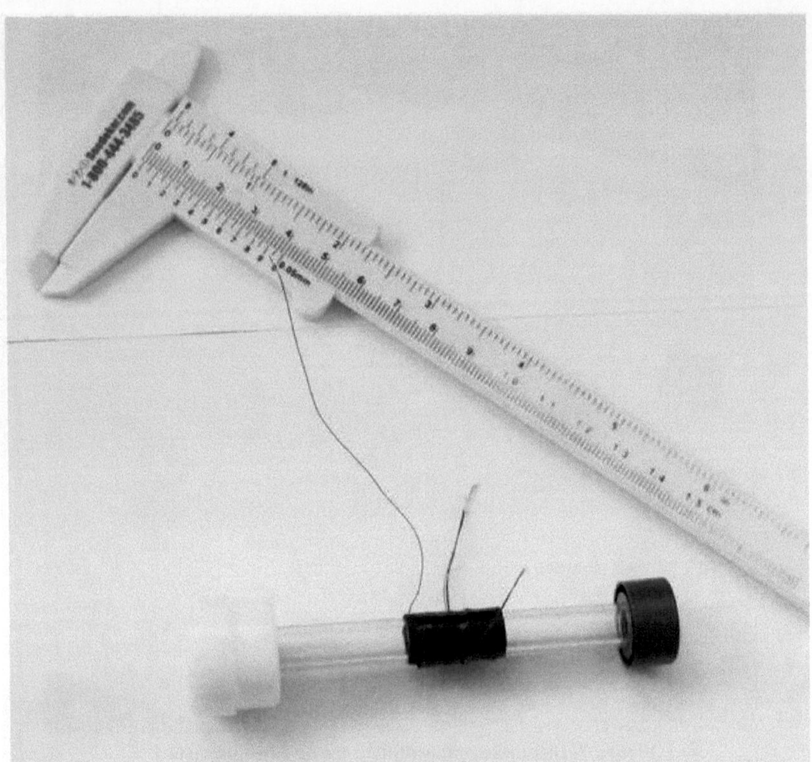

Figura 8. Instantâneo das dimensões da cápsula, vista 2

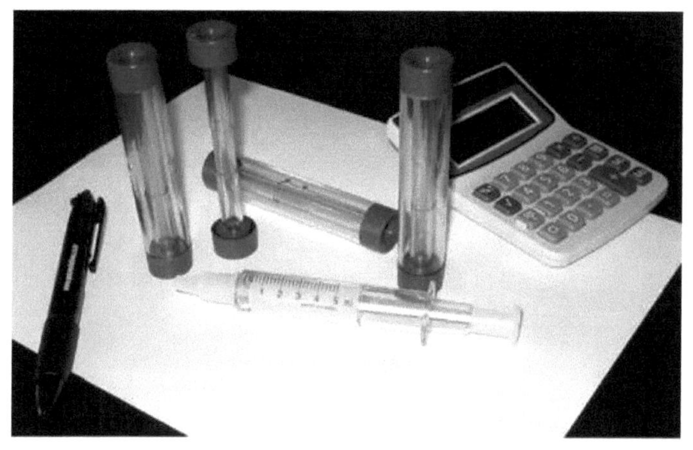

Figura 9. Exposição comparativa com os itens da vista 1

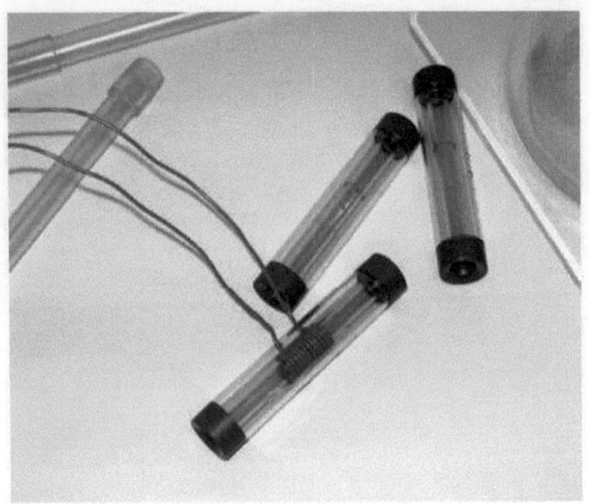

Figura 10. Papéis de teste

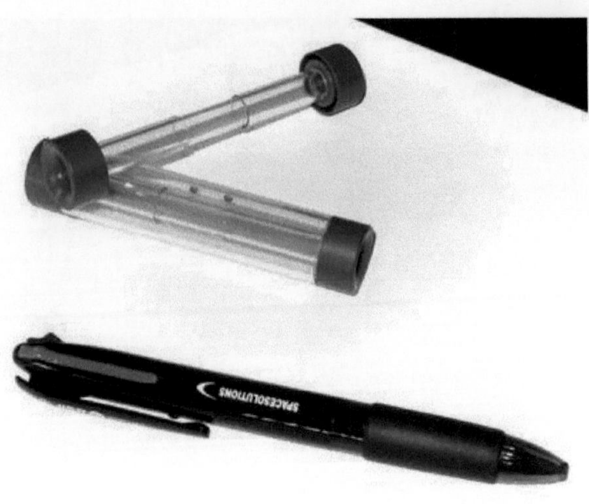

Figura 11. Exposição comparativa com a vista de objectos 2

Lista de referências

PROPOSTA TÉCNICA PRELIMINAR PARA UM PROJECTO DE ESTUDO DE VIABILIDADE DO PROJECTO EXPERIMENTAL - "CÁPSULA DE MONITORIZAÇÃO DA ACIDEZ DO SUCO GÁSTRICO BOVINO COM BATERIA ELECTROQUÍMICA INTEGRADA"

PARTE 1

PESQUISA DE PATENTES E PEDIDOS DE PATENTES

NESTE DOMÍNIO TECNOLÓGICO FOI CRIADA APÓS A OBTENÇÃO DE PATENTES PARCIALMENTE RELACIONADAS COM O OBJECTO PROPOSTO:

Patente dos E.U.A.

Uchiyama , et al.

8,530,112

10 de setembro de 2013.

Um dispositivo para gerar eletricidade

Anotação

Um dispositivo para gerar eletricidade inclui: uma célula de combustível tubular com uma camada de eletrólito disposta entre um elétrodo interno e um elétrodo externo ao qual é fornecido um gás combustível, a célula de combustível com uma porção interna formada por um canal interno para o gás combustível, um tubo de proteção disposto em torno da célula de combustível com um espaço entre o elétrodo externo e o tubo de proteção, um elemento de ligação que liga a célula de combustível e o tubo de proteção entre si e permite que o canal externo seja formado para o gás combustível.

Inventores: Uchiyama; Naoki (Hamamatsu, JP), Uchiyama; Yasuyuki (Hamamatsu, JP), Nakabayashi; Seigou (Hamamatsu, JP)

Requerente: NomeCidadeEstadoPaísTipo

Uchiyama; Naoki Hamamatsu n/a JP

Uchiyama; Yasuyuki Hamamatsu N/A JP

Nakabayashi; Seigou Hamamatsu N/A JP

Beneficiário: Kabushiki Kaisha Atsumitec (Shizuoka, JP)

ID da família :44762344

Pedido n.º: 13/640,197

Arquivado em: 21 de fevereiro de 2011.

PCT Enviado: 21 de fevereiro de 2011.

Número PCT: PCT/JP2011/053679.

371(c)(1),(2),(4)

09 de outubro de 2012.

Data:

Patente PCT. Número: WO2011/125378

PCT Pub. Data: 13 de outubro de 2011.

Patente dos E.U.A. 8,496,791

Takeuchi et al. 30 de julho de 2013.

Aparelho de oxigénio ativo

Anotação

Um dispositivo para produzir oxigénio ativo inclui cátodos que compreendem uma pluralidade de materiais de base, cada um contendo um polímero condutor, um ânodo com condutividade, uma fonte de energia que conduz eletricidade entre ambos os eléctrodos através de água na qual o oxigénio está dissolvido e uma porção recetora de água que contém água. Os cátodos compreendem uma pluralidade de materiais de base em forma de placa montados verticalmente a intervalos espaçados na porção recetora de água, e o ânodo está disposto através da pluralidade de materiais de base e ortogonal à pluralidade de materiais de base.

Inventores: Takeuchi; Shiro (Chiyoda-ku, JP), Saito; Mari (Chiyoda-ku, JP), Furuhashi; Takuya (Chiyoda-ku, JP)

Requerente: Nome Cidade Estado País Tipo

Takeuchi; Shiro Chiyoda-ku N/AJP

Saito; MariChiyoda-kun/AJP.

Furuhashi; Takuya Chiyoda-ku N/AJP

Destinatário: Mitsubishi Electric Corporation (Chiyoda-ku, Tóquio, JP)

ID da família :42982212

N.º de pedido:13/059,668

Arquivado em: 15 de abril de 2009.

PCT Arquivado: 15 de abril de 2009.

Número PCT: PCT/JP2009/057594.

371(c)(1),(2),(4)

Data: 18 de fevereiro de 2011.

Patente PCT. Número: WO2010/119529

Publicação PCT. Data: 21 de outubro de 2010.

Patente dos E.U.A. 8 ,404,099

Fowler

26 de março de 2013.

Eletrólise da água da piscina de combustível irradiado para produzir hidrogénio

Anotação

Um método de produção electrolítica de hidrogénio em que a água excitada por radiação da piscina de combustível irradiado de uma central nuclear é introduzida num ou mais electrolisadores, onde é aplicada corrente contínua a pares de eléctrodos nos electrolisadores para formar hidrogénio e oxigénio. O hidrogénio é recolhido. O hidrogénio pode ser recolhido num sistema de armazenamento de energia para produzir grandes quantidades de hidrogénio quando a procura de eletricidade é baixa e pouco ou nenhum hidrogénio quando a procura de eletricidade é elevada.

Inventores: Fowler; David E. (Gainesville, Flórida)

Requerente: NomeCidadeEstado País Tipo

Fowler, David E. Gainesville, FL, EUA

ID da família: 42036519

N.º de pedido: 12/552,469

Arquivado em: 2 de setembro de 2009.

Patente dos E.U.A. 8,354,195

Brandstetter et al. 15 de janeiro de 2013.

Sistema e método de célula de combustível de armazenamento elétrico

Anotação

A invenção revela um dispositivo e um método inovadores para a conversão eletroquímica de energia do tipo pilha de combustível com uma densidade de potência potencialmente elevada, adequados em particular para aplicações autónomas, tais como veículos movidos a eletricidade O dispositivo inventivo, designado por "pilha de combustível", pode ser considerado como uma bateria recarregável convertida, composta por placas, eletrólito e separadores, que pode ser semelhante a uma bateria de chumbo-ácido convencional conhecida. Assim, pode ser carregada a partir de uma fonte de energia eléctrica ou descarregada através de uma carga externa com as correntes de pico tipicamente elevadas típicas das baterias recarregáveis. No entanto, o principal objetivo da presente invenção é proporcionar um modo de carregamento adicional inovador para a pilha de combustível recarregável, reagindo quimicamente cada elétrodo com combustível e oxidante fornecidos em proporções de fluxo específicas. Enquanto todos os tipos de células de combustível da técnica anterior trocam iões entre eléctrodos através de um eletrólito, cada um dos eléctrodos da presente célula de combustível troca iões independentemente utilizando apenas o seu eletrólito adjacente.

Inventores: Brandstetter; Aharon (Kfar-Vradim, IL), Brandstetter; Haim (Bnei-Beraq, IL)

Requerente: NameCityStateCountryType

Brandstetter, Aaron Kfar-Vradim, Illinois.

Brandstetter; Haim Bnei-Berak N/A IL

ID da família: 40379104

N.º de pedido: 12/344.964

Enviado: 29 de dezembro de 2008.

Patente dos E.U.A. 8,295,031

Lee et al. 23 de outubro de 2012.

Condensador elétrico de dupla camada e respetivo método de fabrico

Anotação

Uma célula de condensador elétrico de dupla camada é fornecida, compreendendo: um invólucro exterior com um espaço de alojamento formado por uma resina isolante; primeiro e segundo condutores exteriores encastrados no invólucro exterior, cada um com uma primeira superfície que se estende para o espaço de alojamento e uma segunda superfície que se estende para um lado exterior do invólucro exterior; e uma célula de condensador elétrico de dupla camada do tipo chip disposta no espaço de alojamento e eletricamente acoplada à primeira superfície. A célula condensadora eléctrica de dupla camada inclui um primeiro e um segundo eléctrodos que se defrontam e que têm eletricidade de polaridades opostas, pelo menos uma camada de elétrodo de indução disposta entre o primeiro e o segundo eléctrodos e que não tem eletricidade aplicada, e um primeiro e um segundo separadores dispostos entre o primeiro elétrodo e a camada de elétrodo de indução e entre o segundo elétrodo e a camada de elétrodo de indução, respetivamente.

Inventores: Lee; Sang Kyung (Kyunggi-do, ROC), Park; Il Kyu (Seoul, ROC), Han; Seung

Hong (Seul, KR), Noh; Jung Eun (Gyeonggi-do, KR)

Beneficiário: Samsung Electro-Mechanics Co., Ltd. (Suwon, ROC)

ID da família: 44258363

N.º de pedido: 12/805.761

Arquivado em: 18 de agosto de 2010.

Patente dos E.U.A. 8 ,178,255

Nishikawa et al. 15 de maio de 2012.

Célula de combustível

Anotação

A pilha de combustível da presente invenção gera eletricidade fornecendo um fluido combustível a um dos pares de eléctrodos que formam a MEA 1 e fornecendo um fluido oxidante ao outro elétrodo, em que pelo menos um dos fluidos combustível e oxidante é um gás, inclui um dispositivo de fornecimento de gás que move o gás ao longo de um percurso de fluxo 10 definido na superfície da MEA 1, e um circuito de acionamento que acciona o dispositivo de fornecimento de gás, incluindo uma placa vibratória 4 e uma parede reflectora em ambos os lados da via de escoamento 10, e o circuito de acionamento efectua o controlo do funcionamento normal gerando um fluxo de gás de uma entrada para uma saída da via de escoamento 10 devido a um gradiente de pressão sonora gerado na via de escoamento 10 pela vibração da placa vibratória 4 e da parede exterior

A operação de eliminação de material elimina o material estranho no percurso do fluxo 10, alterando o modo de vibração da placa vibratória 4.

Inventores: Nishikawa; Masato (Moriguchi, JP), Nakagawa; Tatsuyuki (Moriguchi, JP), Kihara; Hitoshi (Moriguchi, JP).

Destinatário: SANYO Electric Co., Ltd. (Moriguchi, JP)

ID da família :39838174

Pedido n.º: 12/525.698

Arquivado em: 31 de janeiro de 2008.

PCT Arquivado: 31 de janeiro de 2008.

Número PCT: PCT/JP2008/051495.

371(c)(1),(2),(4)

Data: 04 de agosto de 2009.

Patente PCT. №: WO2008/096657.

PCT Pub. Data: 14 de agosto de 2008.

Patente dos E.U.A. 8 ,158,277

Fischel

17 de abril de 2012.

Baterias electroquímicas com fluxo cruzado

Anotação

É divulgada uma célula eletroquímica de fluxo cruzado para a produção de eletricidade, que inclui meios de bombagem cruzada de eletrólito através dos eléctrodos do ânodo e do cátodo na mesma direção, para obter correntes de descarga e de carga substancialmente mais elevadas. O bombeamento cruzado permite a utilização de eléctrodos de malha espessa constituídos por andaimes impregnados de nanopartículas metálicas com elevada área superficial e elevada porosidade.

Inventores: Fischel; Halbert (Santa Barbara, Califórnia)

Beneficiário: Global Energy Science, LLC (Califórnia) (Santa Barbara, Califórnia)

ID da família: 45694441

N.º de pedido: 13/171.080

Arquivado em: 28 de junho de 2011.

Patente dos E.U.A. 8 ,105,722

Leonida 31 de janeiro de 2012.

Um sistema de células de combustível adequado para a utilização de combustíveis fósseis e respetivo método de funcionamento

Anotação

O sistema de célula de combustível inclui um primeiro elétrodo eletrolítico, um primeiro elétrodo com um primeiro elétrodo acoplado a um lado do primeiro elétrodo eletrolítico e um segundo elétrodo acoplado a um lado oposto do primeiro elétrodo eletrolítico, e um segundo elétrodo eletrolítico com um terceiro elétrodo acoplado a um lado do segundo elétrodo eletrolítico e um quarto elétrodo acoplado a um lado oposto do segundo elétrodo eletrolítico. O primeiro canal está em comunicação fluida com o primeiro elétrodo, e o segundo canal está em comunicação fluida com o quarto elétrodo e uma grelha condutora de eletricidade disposta entre o segundo elétrodo e o terceiro elétrodo. As partes do segundo e terceiro eléctrodos estão ligadas entre si através de aberturas definidas pela malha. O sistema de célula de combustível inclui ainda uma fonte de energia eléctrica ligada ao primeiro e segundo eléctrodos; e um circuito elétrico ligado ao primeiro e segundo canais.

Inventores: Leonida; Andrew (West Hartford, CT)

ID da família: 44656870

N.º de pedido: 13/154.886

Arquivado em: 7 de junho de 2011.

Patente dos E.U.A.

5,567,541

Ruhani

22 de outubro de 1996

Um método e um aparelho para medir o estado de carga de uma bateria com base no volume dos componentes da bateria

Anotação

O estado de carga de baterias electroquímicas de vários tipos é determinado pela medição da alteração gradual do volume total de massas reactivas na bateria. A invenção baseia-se no princípio de que todas as pilhas electroquímicas, tanto primárias como secundárias (recarregáveis), geram eletricidade por reação química com pelo menos um elétrodo e que as reacções químicas resultam em determinadas alterações na composição e densidade do elétrodo. A massa de reação do elétrodo, o eletrólito e quaisquer separadores ou juntas estão normalmente contidos numa caixa de bateria de algum volume. À medida que a bateria é utilizada ou recarregada, o volume específico de pelo menos um dos eléctrodos altera-se e, uma vez que as massas dos materiais não se alteram significativamente, o volume total ocupado por pelo menos um dos eléctrodos altera-se. Estas alterações de volume podem ser medidas de várias formas e estão relacionadas com o estado de carga da bateria. Numa das formas de realização, a alteração de volume pode ser medida observando pequenas alterações numa das dimensões principais da caixa da bateria à medida que esta se expande ou contrai para acomodar os volumes totais dos seus componentes.

Inventores: Rouhani; S. Zia (Idaho Falls, ID).

Beneficiário: Lockheed Idaho Technologies Company (Idaho Falls, ID)

ID da família: 23612635

N.º do pedido: 08/407.570

Arquivado em: 21 de março de 1995

Classe atual dos EUA: 429/93 ; 429/61; 429/66; 429/70; 429/90; 429/91

Classe CPC atual: H01M 6/5044 (20130101); H01M
10/48 (20130101); Y02E 60/12 (20130101)

Atualidade InternacionalH01M 10/48 (20060101); H01M 10/42 (20060101);
Classe: H01M 6/00 (20060101); H01M 6/50 (20060101);
H01M 010/48 ()

Área de pesquisa:

Patente dos E.U.A. 8,599,572

Neudecker , et al.

3 de dezembro de 2013.

Placa de circuito impresso com acumulador de película fina integrado

Anotação

A presente invenção refere-se, por exemplo, a placas de circuitos impressos com uma bateria de película fina ou outro elemento eletroquímico entre ou dentro da sua camada ou camadas. A presente invenção também diz respeito, por exemplo, a elementos electroquímicos dispostos numa pilha de camadas de uma placa de circuito impresso.

Inventores: Neudecker; Bernd J. (Littleton, CO), Keating; Joseph A. (Broomfield, CO)

Requerente: NomeCidadeEstado País Tipo

Neudecker, Bernd J. Littleton, EUA

Keating, Joseph A. Brumfield, Estados Unidos

Recetor: Infinite Power Solutions, Inc. (Littleton, CO)

ID da família: 43623158

Número do pedido: 12/873,953

Arquivado em: 1 de setembro de 2010.

Patente dos E.U.A. 8,574,762

Dan, et al. 5 de novembro de 2013.

Eléctrodos negativos de óxido metálico para células e baterias electroquímicas de iões de lítio

Anotação

São apresentadas composições de eléctrodos negativos para células electroquímicas de iões de lítio que incluem óxidos metálicos e ligantes poliméricos. Também são apresentadas células electroquímicas e conjuntos de baterias que incorporam eléctrodos fabricados com estas composições.

Inventores: Dahn; Jeffrey R. (Halifax, CA), Li; Jing (Halifax, CA), Obrovac; Mark N. (St. Paul, MN)

Requerente: NomeCidadeEstado País Tipo

Dun; Jeffrey R. Halifax N/A Califórnia

Lee; JingHalifax n/a Califórnia

Obrowatz, Mark N. St. Paul, Novo México, EUA

Beneficiário: 3M Innovative Properties Company (St. Paul, Massachusetts)

ID da família: 41131621

N.º de pedido: 13/224.925

Arquivado: 2 de setembro de 2011.

Patente dos E.U.A. 8,518,578

Swan 27 de agosto de 2013.

**Ver imagens: (Certificado de correção) **

Placa de eléctrodos para bateria eletromecânica

Anotação

Uma placa de elétrodo para utilização numa bateria eletroquímica inclui uma peça fundida, uma parte plana, uma parte perimetral e um barramento que se estende ao longo da parte perimetral. A parte plana e o barramento são partes integrantes da peça fundida acima referida. A placa do elétrodo é feita de chumbo, se for utilizada numa bateria de chumbo-ácido, ou de outro material de elétrodo que possa ser formado por fundição, se for utilizado noutros tipos de baterias. Mais especificamente, a placa do elétrodo tem uma forma retangular e um lado com maior densidade de corrente, e o barramento acima mencionado estende-se ao longo de três lados adjacentes da forma retangular, incluindo o lado com maior densidade de corrente.

Inventores: Swan; David H. (Tatamagouche, Califórnia)

Requerente: NomeCidadeEstado País Tipo

Swan; David H. Tatamagush n/a Califórnia

ID da família: 38256671

N.º de pedido: 13/385.343

Arquivado em: 15 de fevereiro de 2012.

Patente dos E.U.A. 8 ,503,162

Seymour 6 de agosto de 2013.

Elétrodo, material associado, método de fabrico e sua utilização

Anotação

O material do elétrodo é criado através da formação de um revestimento fino de óxido metálico conformado sobre uma metaestrutura de carbono altamente porosa. A meta-estrutura de carbono altamente porosa desempenha um papel na síntese do revestimento de óxido e no fornecimento de um substrato tridimensional, eletricamente condutor, que suporta o revestimento fino de óxido de metal. O óxido metálico inclui um ou mais óxidos metálicos. Um material de elétrodo, o processo para

É divulgado o fabrico do referido material de elétrodo, de um condensador eletroquímico e de uma bateria secundária eletroquímica (recarregável) utilizando o referido material de elétrodo.

Inventores: Seymour; Fraser W. (Middletown, MD)

Requerente: NomeCidadeEstado País Tipo

Seymour; Fraser W. Middletown, MD, EUA

ID da família: 44912061

N.º de pedido: 13/189.802

Arquivado em: 25 de julho de 2011.

Patente dos E.U.A. 8,404,375

Gaben 26 de março de 2013.

Uma bateria eléctrica composta por células geradoras flexíveis e um sistema de condicionamento mecânico e térmico das referidas células

Anotação

A bateria eléctrica inclui uma pluralidade de células geradoras de energia eléctrica formadas por pelo menos uma célula eletroquímica, que é embalada num invólucro flexível selado, e um sistema para condicionar mecânica e termicamente as células. O sistema de condicionamento forma um invólucro estrutural feito de um material termicamente condutor. O invólucro tem duas porções longitudinais e uma pluralidade de porções transversais que ligam as porções longitudinais de modo a formar entre as porções transversais do invólucro, onde o elemento gerador está alojado, respetivamente. A caixa inclui uma via de circulação para o fluido de transferência de calor. A via tem dois canais, respetivamente a montante e a jusante, que são formados respetivamente no membro longitudinal e passagens formadas em cada um dos membros transversais. As passagens comunicam de cada lado com o canal a montante e o canal a jusante.

Inventores: Gabin; Fabien (Courbevoie, FR)

Requerente: NomeCidadeEstado País Tipo

Gabin; Fabien Courbevoie N/A FR

Beneficiário: Dau Cocam France SAS (Massy, FR)

ID da família: 39868192

N.º de pedido: 12/420.162

Arquivado em: 8 de abril de 2009.

A PATENTE SEGUINTE REPRESENTA UM DESENHO PRÉ-SELECCIONADO DE TECNOLOGIA :

Patente dos EUA 8,354,195

Brandstetter et al. 15 de janeiro de 2013.

Sistema e método de célula de combustível de armazenamento elétrico

Anotação

A invenção revela um dispositivo e um método inovadores para a conversão eletroquímica de energia do tipo pilha de combustível com uma densidade de potência potencialmente elevada, adequados, em particular, para aplicações autónomas, tais como veículos movidos a eletricidade O dispositivo inventivo, designado por "pilha de combustível", pode ser considerado como uma bateria recarregável convertida, composta por placas, eletrólito e separadores, que pode ser semelhante a uma bateria de chumbo-ácido convencional conhecida. Assim, pode ser carregada a partir de uma fonte de energia ou descarregada através de uma carga externa com as correntes de pico tipicamente elevadas típicas das baterias recarregáveis. No entanto, o principal objetivo da presente invenção é proporcionar um modo de carregamento adicional inovador para a pilha de combustível recarregável, reagindo quimicamente cada elétrodo com combustível e oxidante fornecidos em proporções de fluxo específicas. Enquanto todos os tipos de células de combustível da técnica anterior trocam iões entre eléctrodos através de um eletrólito, cada um dos eléctrodos da presente célula de combustível troca iões independentemente utilizando apenas o seu eletrólito adjacente.

Inventores: Brandstetter; Aharon (Kfar-Vradim, IL), Brandstetter; Haim (Bnei-Beraq, IL)

Requerente: NameCityStateCountryType

Brandstetter; Aaron Kfar-VradimN/AIL

Brandstetter; HaimBnei-BerakN/AIL

ID da família: 40379104

N.º de pedido: 12/344.964

Arquivado em: 29 de dezembro de 2008.

Printed by Books on Demand GmbH, Norderstedt / Germany